ぺんたと小《こ》春《はる》の めんどい まちがいさがし

全《ぜん》部《ぶ》解《と》くのに何《なん》年《ねん》かかる！？

まちがいだらけの鏡《かがみ》の世《せ》界《かい》にようこそ君《きみ》を待《ま》っていたぞ！

製作

ペンギン飛行機製作所

penguin airplane factory

サンマーク出版

ぺんたと小《こ》春《はる》って？

ぺんたと小《こ》春《はる》は、
「ペンギン飛《ひ》行《こう》機《き》製《せい》作《さく》所《じょ》」で暮《く》らす皇帝《こうてい》ペンギンのヒナ。
正反対《せいはんたい》な性格《せいかく》だけど、とっても仲《なか》良《よ》しなんだ♪

ぺんた

“ねぐせ”がトレードマークの男《おとこ》のコ。おっとりしていて、ちょっぴりドジなところがあるから、いつも小《こ》春《はる》に助《たす》けてもらっているよ。「いつか空《そら》を飛《と》びたい」という夢《ゆめ》をもっているんだ☆

たんじょう日《び》	8月《がつ》19日《にち》
しんちょう	35センチ
たいじゅう	2キロ
すき	ママ、ひなたで横《よこ》になってポカポカすること
にがて	高《たか》いところ、タコ

ぺんたと小春《こはる》のヒミツ

じつはチアリーディングにあこがれているのっ♡
とくいな教科《きょうか》は国語《こくご》なのっ♪
楽《たの》しいアイデアを考《かんが》えるのがとくいなのぉ！
宝物《たからもの》はママからもらったピンクのリボン！
春巻《はるま》きが大好《だいす》きだよぉぉ♡
自分《じぶん》の足《あし》あとが大好《だいす》きぃ♪

小春《こはる》

まじめでやさしい性格《せいかく》の女《おんな》のコ。ドジなぺんたを助《たす》けてくれる、しっかり者《もの》だよ。甘《あま》いものが大好《だいす》きで、ぺんたよりおなかが出《で》ていないか気《き》にしているみたい。長《なが》いまつ毛《げ》がチャームポイントだよ♡

たんじょう日《び》	8月《がつ》18日《にち》
しんちょう	35センチ
たいじゅう	2キロ
すき	キラキラした音楽《おんがく》、甘《あま》い物《もの》、おかし作《づく》り
にがて	ヒョウアザラシ、オオフルマカモメ

ぺんたが、スヤスヤねむっています。
なんだか楽《たの》しい夢《ゆめ》を見《み》ているみたい。

……と思《おも》ったら、あれれ？　夢《ゆめ》の中《なか》が変《か》わっちゃった！
右《みぎ》の夢《ゆめ》とどこがちがうか分《わ》かるかな？　まちがいは30個《こ》あるよ。

「おはよぅ、小春《こはる》。
今日《きょう》は変《へん》な夢《ゆめ》を見《み》たのぉぉ。」
「おはよう、ぺんた。どんな夢《ゆめ》を見《み》たの？」
「はじめは遊園地《ゆうえんち》で遊《あそ》んでいたんだけどぉ、
とちゅうから、どんどん
ヘンテコになっていて……。」
と、ぺんたの話《はなし》を聞《き》きつつも、
小春《こはる》は絵本《えほん》に夢中《むちゅう》です。

「ねぇねぇ、ぺんた。そんなことより
この絵本《えほん》、とってもおもしろいの。
〝鏡《かがみ》の王様《おうさま》〟っていう
イタズラ好《ず》きの王様《おうさま》がでてきてね、
鏡《かがみ》に映《うつ》ったものに、たくさんの
まちがいを作《つく》っちゃうんだって！」

「……夢《ゆめ》の中《なか》に出《で》てきた王様《おうさま》だぁ！」

と、見覚《みおぼ》えのある顔《かお》に
ぺんたがおどろいていると、
その絵本《えほん》が急《きゅう》に光《ひか》りだしました。

そのときです。

「ボーン」

大《おお》きな音《おと》とともにピンクのけむりが部《へ》屋《や》中《じゅう》に広《ひろ》がり、目《め》の前《まえ》に本物《ほんもの》の鏡《かがみ》の王様《おうさま》があらわれました。

「えええええ―――、
本物《ほんもの》だぁぁぁぁ！」

「ワタシを呼《よ》んでくれてありがとう！
お礼《れい》に君《きみ》たちの世界《せかい》にもまちがいを
作《つく》ってあげよう！　それー！」

とつぜんあらわれた鏡《かがみ》の王様《おうさま》によって、
ぺんたと小春《こはる》の世界《せかい》にまちがいが
できちゃったみたい。
探《さが》せるかな？

まずはチャレンジ!

Q1 ペンギン飛《ひ》行《こう》機《き》製《せい》作《さく》所《じょ》のキッチン

まちがいは10個《こ》あるよ。こたえは76ページを見《み》てね！

見《み》つけた数《かず》を書《か》こう!

月《がつ》／日《にち》　　個《こ》

おまけチャレンジ

小春《こはる》の落《お》とし物《もの》を探《さが》してあげてね！

このページのどこかにヒントのボールがあるよ。
ボールの中《なか》の文字《もじ》を93ページのマスに集《あつ》めてみよう。

ヒントのボール

? まちがいの数《かず》にはふくまれないよ。

Q2 なんでもそろうペンギン商店街《しょうてんがい》

まちがいは20個《こ》あるよ。こたえは76ページを見《み》てね！

見《み》つけた数《かず》を書《か》こう！

月《がつ》／日《にち》　　個《こ》

おまけチャレンジ

小春《こはる》の落《お》とし物《もの》を探《さが》してあげてね！

このページのどこかにヒントのボールがあるよ。
ボールの中《なか》の文字《もじ》を93ページのマスに集《あつ》めてみよう。

ヒントのボール

まちがいの数《かず》にはふくまれないよ。

「これで全部《ぜんぶ》だぁ」
鏡《かがみ》の王様《おうさま》が作《つく》ったまちがいを
スラスラと見破《みやぶ》ったぺんたと小春《こはる》。
ほっとしている2人《ふたり》を見《み》て、
鏡《かがみ》の王様《おうさま》は、なんだか
とってもうれしそう！
「気《き》に入《い》った!!」

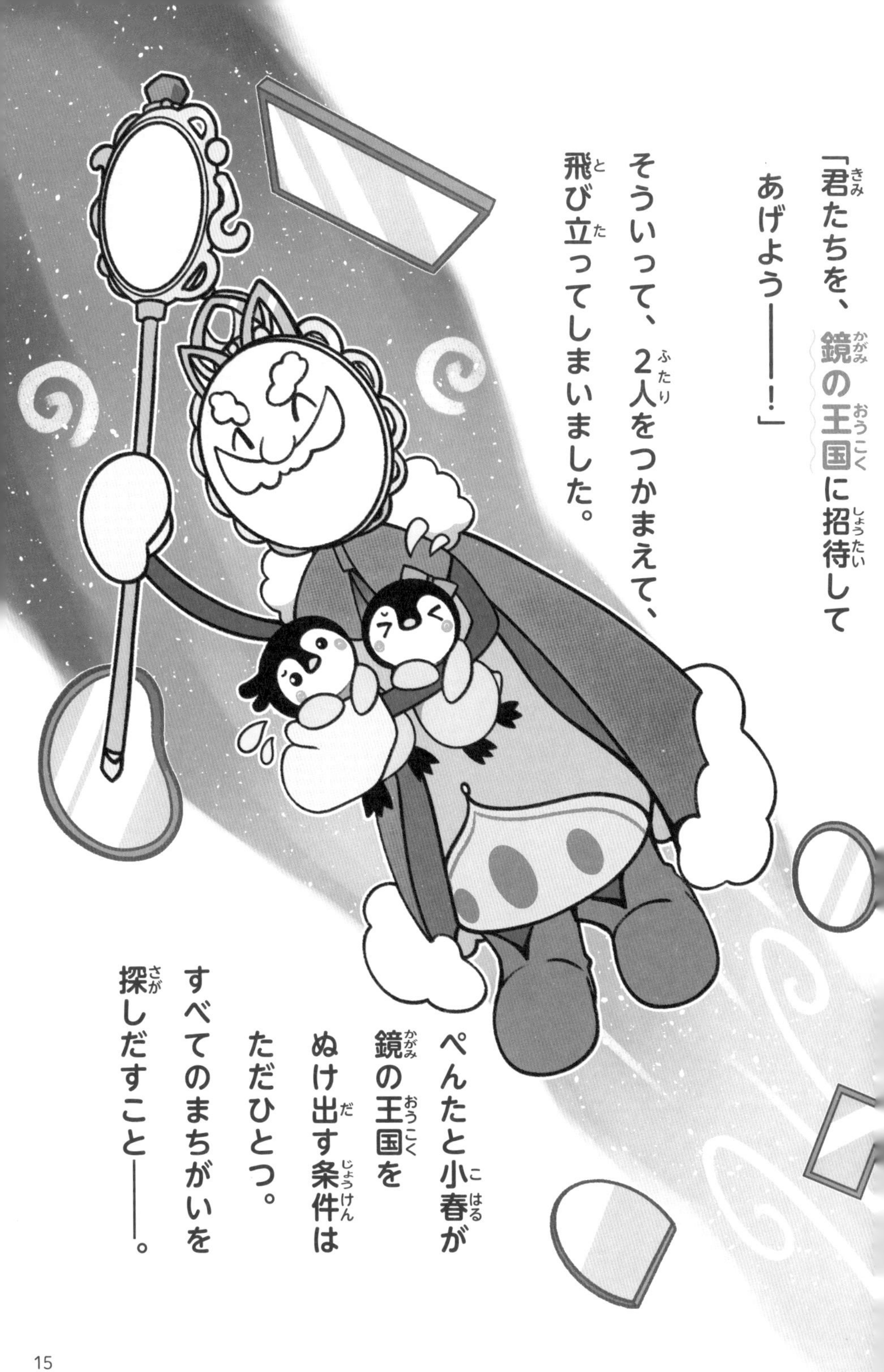

「君《きみ》たちを、鏡《かがみ》の王国《おうこく》に招待《しょうたい》して
あげよう――！」
そういって、2人《ふたり》をつかまえて、
飛《と》び立《た》ってしまいました。

ぺんたと小春《こはる》が
鏡《かがみ》の王国《おうこく》を
ぬけ出《だ》す条件《じょうけん》は
ただひとつ。
すべてのまちがいを
探《さが》しだすこと――。

Q3

大男《おおおとこ》が住《す》む楽《たの》しい空《そら》の町《まち》

まちがいは30個《こ》あるよ。こたえは77ページを見《み》てね！

見《み》つけた数《かず》を書《か》こう！

月《がつ》／日《にち》　個《こ》

おまけ
チャレンジ

小春《こはる》の落《お》とし物《もの》を探《さが》してあげてね！

このページのどこかにヒントのボールがあるよ。
ボールの中《なか》の文字《もじ》を93ページのマスに集《あつ》めてみよう。

ヒントのボール

? まちがいの数《かず》にはふくまれないよ。

Q 4

音楽《おんがく》をかなでる動物《どうぶつ》の村《むら》

まちがいは30個《こ》あるよ。こたえは77ページを見《み》てね！

見《み》つけた数《かず》を書《か》こう！

月《がつ》／日《にち》　個《こ》

おまけチャレンジ

小春《こはる》の落《お》とし物《もの》を探《さが》してあげてね！

このページのどこかにヒントのボールがあるよ。
ボールの中《なか》の文字《もじ》を93ページのマスに集《あつ》めてみよう。

ヒントのボール

? まちがいの数《かず》にはふくまれないよ。

Q
5
人魚《にんぎょ》たちの住《す》むきれいな海《うみ》

まちがいは30個《こ》あるよ。こたえは78ページを見《み》てね！

見《み》つけた数《かず》を書《か》こう！

月《がつ》　日《にち》　個《こ》

おまけチャレンジ

小《こ》春《はる》の落《お》とし物《もの》を探《さが》してあげてね！

このページのどこかにヒントのボールがあるよ。
ボールの中《なか》の文字《もじ》を93ページのマスに集《あつ》めてみよう。

ヒントのボール

？ まちがいの数《かず》にはふくまれないよ。

Q 6

土《つち》の中《なか》のにぎやかな世界《せかい》

まちがいは30個《こ》あるよ。こたえは78ページを見《み》てね！

見《み》つけた数《かず》を書《か》こう！

月《がつ》／日《にち》　　個《こ》

おまけチャレンジ

小春《こはる》の落《お》とし物《もの》を探《さが》してあげてね！

このページのどこかにヒントのボールがあるよ。
ボールの中《なか》の文字《もじ》を93ページのマスに集《あつ》めてみよう。

ヒントのボール

まちがいの数《かず》にはふくまれないよ。

Q7

森《もり》の奥《おく》の小人《こびと》たちの音楽会《おんがくかい》

まちがいは30個《こ》あるよ。こたえは79ページを見《み》てね！

見《み》つけた数《かず》を書《か》こう！

月《がつ》／日《にち》　個《こ》

おまけ
チャレンジ

小春《こはる》の落《お》とし物《もの》を探《さが》してあげてね！

このページのどこかにヒントのボールがあるよ。
ボールの中《なか》の文字《もじ》を93ページのマスに集《あつ》めてみよう。

ヒントのボール

？ まちがいの数《かず》には
ふくまれないよ。

Q

8

ちょっとこわいおばけの洋館《ようかん》

まちがいは30個《こ》あるよ。こたえは79ページを見《み》てね！

見《み》つけた数《かず》を書《か》こう！

月《がつ》／日《にち》　　個《こ》

おまけチャレンジ

小春《こはる》の落《お》とし物《もの》を探《さが》してあげてね！

このページのどこかにヒントのボールがあるよ。
ボールの中《なか》の文字《もじ》を93ページのマスに集《あつ》めてみよう。

ヒントのボール

？ まちがいの数《かず》にはふくまれないよ。

Q9

元気《げんき》な虫《むし》たちの楽《たの》しい草《くさ》むら

まちがいは30個《こ》あるよ。こたえは80ページを見《み》てね！

見《み》つけた数《かず》を書《か》こう！

月《がつ》／日《にち》　　個《こ》

おまけチャレンジ

小春《こはる》の落《お》とし物《もの》を探《さが》してあげてね！

このページのどこかにヒントのボールがあるよ。
ボールの中《なか》の文字《もじ》を93ページのマスに集《あつ》めてみよう。

ヒントのボール

？ まちがいの数《かず》にはふくまれないよ。

Q10 さらさら流《なが》れる小川《おがわ》の旅《たび》

まちがいは30個《こ》あるよ。こたえは80ページを見《み》てね！

見《み》つけた数《かず》を書《か》こう！

月《がつ》／日《にち》　個《こ》

おまけチャレンジ

小春《こはる》の落《お》とし物《もの》を探《さが》してあげてね！

このページのどこかにヒントのボールがあるよ。
ボールの中《なか》の文字《もじ》を93ページのマスに集《あつ》めてみよう。

ヒントのボール

？ まちがいの数《かず》にはふくまれないよ。

Q 11

森《もり》のおうちとピクニック

まちがいは30個《こ》あるよ。こたえは81ページを見《み》てね！

見《み》つけた数《かず》を書《か》こう！

月《がつ》／日《にち》　　個《こ》

おまけ チャレンジ

小春《こはる》の落《お》とし物《もの》を探《さが》してあげてね！

このページのどこかにヒントのボールがあるよ。
ボールの中《なか》の文字《もじ》を93ページのマスに集《あつ》めてみよう。

ヒントのボール

まちがいの数《かず》にはふくまれないよ。

Q 12

アラビアの夜空《よぞら》の世界《せかい》

まちがいは30個《こ》あるよ。こたえは81ページを見《み》てね！

見《み》つけた数《かず》を書《か》こう！

月《がつ》／日《にち》　個《こ》

おまけチャレンジ

小春《こはる》の落《お》とし物《もの》を探《さが》してあげてね！

このページのどこかにヒントのボールがあるよ。
ボールの中《なか》の文字《もじ》を93ページのマスに集《あつ》めてみよう。

ヒントのボール

？ まちがいの数《かず》にはふくまれないよ。

「ここだぁ。」

「こっちもだよぉ。」

次々《つぎつぎ》とまちがいを
発見《はっけん》した2人《ふたり》は、
ちょっととくいげ。
それを見《み》た鏡《かがみ》の王様《おうさま》は
くやしそう……。

「くぅぅ……こうなったら！」

「もっとまちがいを
増《ふ》やしてやる——!」

と、さらに魔法《まほう》を
かけてしまいました。

とつぜんポカっと空《あ》いた穴《あな》に
吸《す》いこまれていくと……。

2人《ふたり》はさらにレベルアップした
鏡《かがみ》の世界《せかい》へと
飛《と》ばされてしまいました。

レベルアップ！

Q13 ふわふわ浮《う》かぶ不思議《ふしぎ》な空間《くうかん》

まちがいは40個《こ》あるよ。こたえは82ページを見《み》てね！

見《み》つけた数《かず》を書《か》こう！

月《がつ》／日《にち》　個《こ》

おまけ
チャレンジ

小春《こはる》の落《お》とし物《もの》を探《さが》してあげてね！

このページのどこかにヒントのボールがあるよ。
ボールの中《なか》の文字《もじ》を93ページのマスに集《あつ》めてみよう。

ヒントのボール

?
まちがいの数《かず》には
ふくまれないよ。

Q 14

わくわくする宝《たから》探《さが》しの冒険《ぼうけん》

まちがいは40個《こ》あるよ。こたえは82ページを見《み》てね！

見《み》つけた数《かず》を書《か》こう！

月《がつ》／日《にち》　個《こ》

おまけチャレンジ

小春《こはる》の落《お》とし物《もの》を探《さが》してあげてね！

このページのどこかにヒントのボールがあるよ。
ボールの中《なか》の文字《もじ》を93ページのマスに集《あつ》めてみよう。

ヒントのボール

？ まちがいの数《かず》には
ふくまれないよ。

Q15 華《はな》やかなお城《しろ》のパーティー

まちがいは40個《こ》あるよ。こたえは83ページを見《み》てね！

見《み》つけた数《かず》を書《か》こう！

月《がつ》／日《にち》　個《こ》

おまけチャレンジ

小春《こはる》の落《お》とし物《もの》を探《さが》してあげてね！

このページのどこかにヒントのボールがあるよ。
ボールの中《なか》の文字《もじ》を93ページのマスに集《あつ》めてみよう。

ヒントのボール

? まちがいの数《かず》にはふくまれないよ。

Q16

みんなが仲良《なかよ》く暮《く》らすジャングル

まちがいは40個《こ》あるよ。こたえは83ページを見《み》てね！

見《み》つけた数《かず》を書《か》こう！

月《がつ》／日《にち》　　個《こ》

おまけチャレンジ

小春《こはる》の落《お》とし物《もの》を探《さが》してあげてね！

このページのどこかにヒントのボールがあるよ。
ボールの中《なか》の文字《もじ》を93ページのマスに集《あつ》めてみよう。

ヒントのボール

？ まちがいの数《かず》にはふくまれないよ。

Q 17 大《おお》きな月夜《つきよ》とうつくしいお姫様《ひめさま》

まちがいは40個《こ》あるよ。こたえは84ページを見《み》てね！

見《み》つけた数《かず》を書《か》こう！

月《がつ》／日《にち》　　個《こ》

おまけチャレンジ

小春《こはる》の落《お》とし物《もの》を探《さが》してあげてね！

このページのどこかにヒントのボールがあるよ。
ボールの中《なか》の文字《もじ》を93ページのマスに集《あつ》めてみよう。

ヒントのボール

まちがいの数《かず》には
ふくまれないよ。

Q 18

恐竜《きょうりゅう》の時代《じだい》にタイムスリップ

まちがいは40個《こ》あるよ。こたえは84ページを見《み》てね！

見《み》つけた数《かず》を書《か》こう！

月《がつ》／日《にち》　個《こ》

おまけチャレンジ

小春《こはる》の落《お》とし物《もの》を探《さが》してあげてね！

このページのどこかにヒントのボールがあるよ。
ボールの中《なか》の文字《もじ》を93ページのマスに集《あつ》めてみよう。

ヒントのボール

？ まちがいの数《かず》にはふくまれないよ。

Q 19 お宝《たから》と妖怪《ようかい》が飛《と》び出《だ》す不思議《ふしぎ》な箱《はこ》

まちがいは40個《こ》あるよ。こたえは85ページを見《み》てね！

見《み》つけた数《かず》を書《か》こう！

月《がつ》／日《にち》　個《こ》

おまけチャレンジ

小春《こはる》の落《お》とし物《もの》を探《さが》してあげてね！

このページのどこかにヒントのボールがあるよ。
ボールの中《なか》の文字《もじ》を93ページのマスに集《あつ》めてみよう。

ヒントのボール

まちがいの数《かず》には
ふくまれないよ。

Q 21

サバンナのきれいな夕暮《ゆうぐ》れ

まちがいは40個《こ》あるよ。こたえは86ページを見《み》てね！

見《み》つけた数《かず》を書《か》こう！

月《がつ》／日《にち》　　個《こ》

おまけチャレンジ

小春《こはる》の落《お》とし物《もの》を探《さが》してあげてね！

このページのどこかにヒントのボールがあるよ。
ボールの中《なか》の文字《もじ》を93ページのマスに集《あつ》めてみよう。

ヒントのボール

? まちがいの数《かず》にはふくまれないよ。

Q22

かわいいお姫様《ひめさま》がいるお花畑《はなばたけ》

まちがいは40個《こ》あるよ。こたえは86ページを見《み》てね！

見《み》つけた数《かず》を書《か》こう！

月《がつ》／日《にち》　　個《こ》

おまけ
チャレンジ

小春《こはる》の落《お》とし物《もの》を探《さが》してあげてね！

このページのどこかにヒントのボールがあるよ。
ボールの中《なか》の文字《もじ》を93ページのマスに集《あつ》めてみよう。

ヒントのボール

？ まちがいの数《かず》には
ふくまれないよ。

「これで全部《ぜんぶ》だよ。」

「わーい！　これでおうちに帰《かえ》れるね。」

たくさんのまちがいを探《さが》しだして
ほっとしている２人《ふたり》。
ところが……。

鏡《かがみ》の王様《おうさま》はニヤリ。

「まだまだ準備《じゅんび》してあるんだよ。
進《すす》めば進《すす》むほど、まちがいが増《ふ》える
世界《せかい》にいってらっしゃーい♪」

すると、どこからともなく、
冷《つめ》たい風《かぜ》がふいてきて、
2人《ふたり》を連《つ》れていって
しまいました。

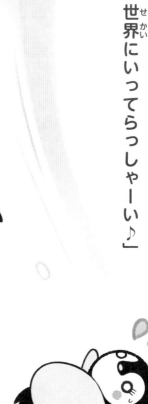

Q23 ひんやり冷《つめ》たい雪《ゆき》と氷《こおり》の世界《せかい》

まちがいは50個《こ》あるよ。こたえは87ページを見《み》てね！

見《み》つけた数《かず》を書《か》こう！

月《がつ》　日《にち》　個《こ》

おまけチャレンジ

小春《こはる》の落《お》とし物《もの》を探《さが》してあげてね！

このページのどこかにヒントのボールがあるよ。
ボールの中《なか》の文字《もじ》を93ページのマスに集《あつ》めてみよう。

ヒントのボール

? まちがいの数《かず》にはふくまれないよ。

Q 24 あまくておいしいお菓子《かし》のおうち

まちがいは60個《こ》あるよ。こたえは88ページを見《み》てね！

見《み》つけた数《かず》を書《か》こう！

月《がつ》／日《にち》　　　個《こ》

おまけチャレンジ

小春《こはる》の落《お》とし物《もの》を探《さが》してあげてね！

このページのどこかにヒントのボールがあるよ。
ボールの中《なか》の文字《もじ》を93ページのマスに集《あつ》めてみよう。

ヒントのボール

? まちがいの数《かず》にはふくまれないよ。

Q25 大勢《おおぜい》の小人《こびと》たちが住《す》む港町《みなとまち》

まちがいは70個《こ》あるよ。こたえは89ページを見《み》てね！

見《み》つけた数《かず》を書《か》こう！

月《がつ》／日《にち》　個《こ》

おまけチャレンジ

小春《こはる》の落《お》とし物《もの》を探《さが》してあげてね！

このページのどこかにヒントのボールがあるよ。
ボールの中《なか》の文字《もじ》を93ページのマスに集《あつ》めてみよう。

ヒントのボール

？ まちがいの数《かず》にはふくまれないよ。

Q 26 海《うみ》の仲間《なかま》たちが竜宮城《りゅうぐうじょう》に大集合《だいしゅうごう》

まちがいは80個《こ》あるよ。こたえは90ページを見《み》てね！

こたえは90ページを見《み》てね！

見《み》つけた数《かず》を書《か》こう！

月《がつ》／日《にち》　個《こ》

おまけチャレンジ

小春《こはる》の落《お》とし物《もの》を探《さが》してあげてね！

このページのどこかにヒントのボールがあるよ。
ボールの中《なか》の文字《もじ》を93ページのマスに集《あつ》めてみよう。

ヒントのボール

？ まちがいの数《かず》には
ふくまれないよ。

Q27

いつかの夢《ゆめ》に出《で》てきた冒険《ぼうけん》の島《しま》

まちがいは**90**個《こ》あるよ。こたえは91ページを見《み》てね！

見《み》つけた数《かず》を書《か》こう！

月《がつ》／日《にち》　　個《こ》

おまけチャレンジ

小春《こはる》の落《お》とし物《もの》を探《さが》してあげてね！

このページのどこかにヒントのボールがあるよ。
ボールの中《なか》の文字《もじ》を93ページのマスに集《あつ》めてみよう。

ヒントのボール

？ まちがいの数《かず》にはふくまれないよ。

Q28 列車《れっしゃ》で旅《たび》する銀河《ぎんが》の世界《せかい》

まちがいは100個《こ》あるよ。こたえは92ページを見《み》てね！

見《み》つけた数《かず》を書《か》こう！

月《がつ》／日《にち》　個《こ》

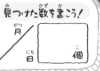

おまけチャレンジ

小春《こはる》の落《お》とし物《もの》を探《さが》してあげてね！

このページのどこかにヒントのボールがあるよ。
ボールの中《なか》の文字《もじ》を93ページのマスに集《あつ》めてみよう。

ヒントのボール

？ まちがいの数《かず》にはふくまれないよ。

「そ、そんなぁ。
ワタシがしかけたまちがいが、
全部《ぜんぶ》見破《みやぶ》られて
しまうなんて……。」

鏡《かがみ》の王様《おうさま》は
とってもくやしそう。

「しかし、すべての
まちがいを見《み》つけたものは
元《もと》の世界《せかい》に帰《かえ》す約束《やくそく》じゃ……。」

「これに乗《の》って、
君《きみ》たちの世界《せかい》に
帰《かえ》りなさい」

鏡《かがみ》の王様《おうさま》は
2人《ふたり》のために
特別《とくべつ》な乗《の》り物《もの》を
用意《ようい》してくれました。

「あーあ、
まただれか、遊《あそ》んでくれる
友達《ともだち》を見《み》つけなきゃ……。
——とその前《まえ》に。」

さて、イタズラ好《ず》きの鏡《かがみ》の王様《おうさま》は、
どうやらこの本《ほん》にも
イタズラをしかけたようです。

どこにあるか分《わ》かるかな？
（カバーをはずしてみてね。）

こたえのページ

4~5ページ

夢《ゆめ》の中《なか》のこたえだよ。まちがいは30個《こ》あるよ。

でも、それは
まちがいのカウントには
入《はい》らないルールだよぉ。

本《ほん》のページを表《あらわ》す数字《すうじ》は
右《みぎ》のページだけに
入《はい》っているんだってぇ。

こたえのページ

Q1

まちがいは10個《こ》あるよ。

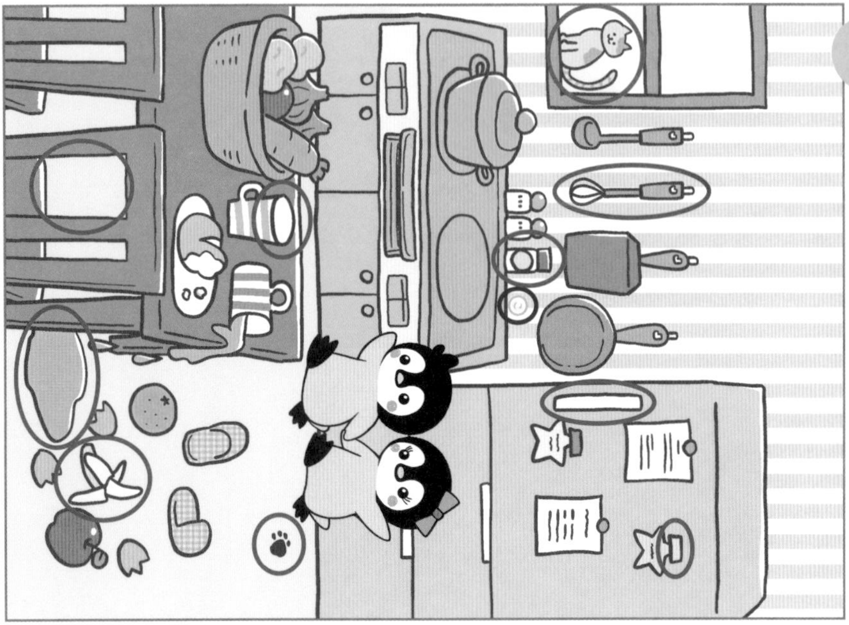

Q2

まちがいは20個《こ》あるよ。

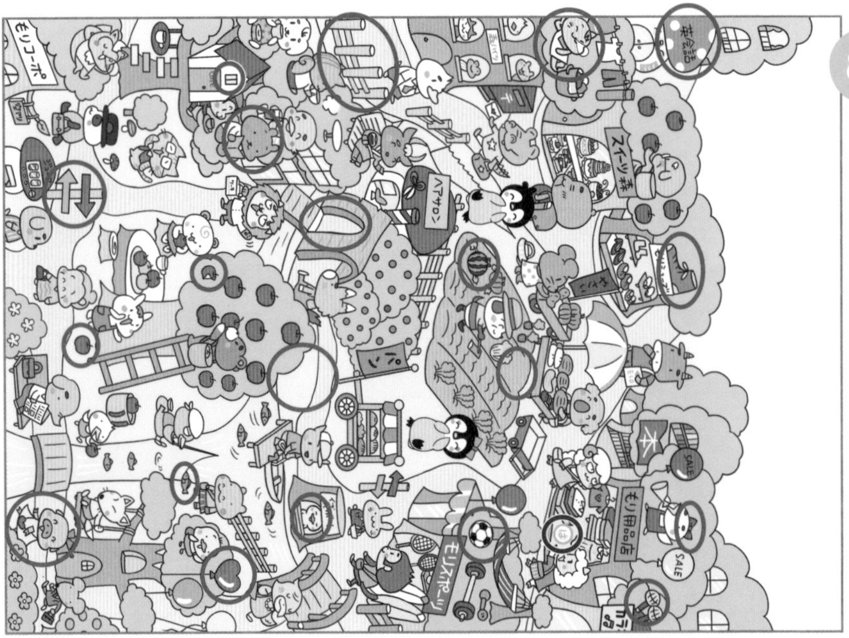

Q3 まちがいは30個《こ》あるよ。

Q4 まちがいは30個《こ》あるよ。

こたえのページ

Q5

まちがいは30個《こ》あるよ。

Q6

まちがいは30個《こ》あるよ。

Q7 まちがいは30個《こ》あるよ。

Q8 まちがいは30個《こ》あるよ。

Q. 9

まちがいは30個《こ》あるよ。

Q. 10

まちがいは30個《こ》あるよ。

Q 11

まちがいは30個《こ》あるよ。

Q 12

まちがいは30個《こ》あるよ。

こたえのページ

Q 13

まちがいは40個《こ》あるよ。

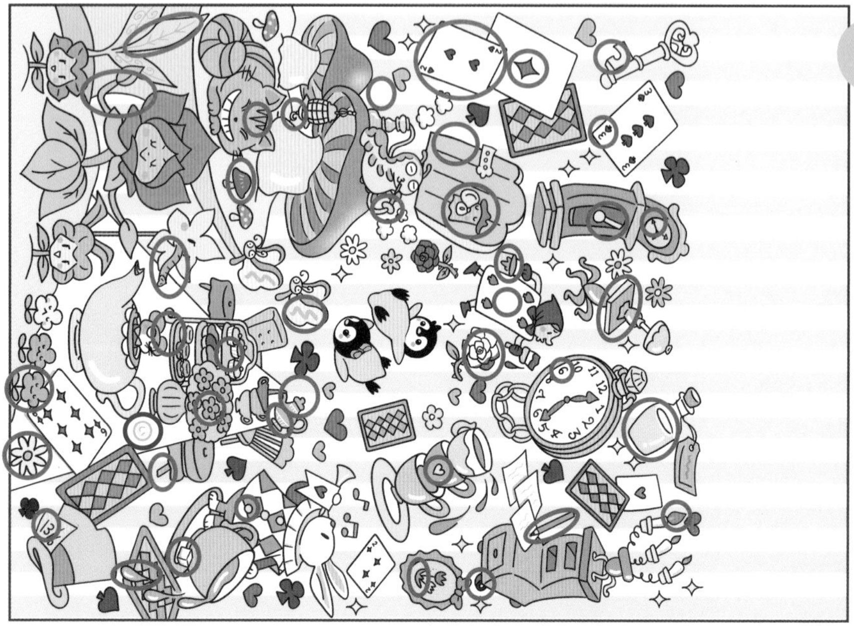

Q 14

まちがいは40個《こ》あるよ。

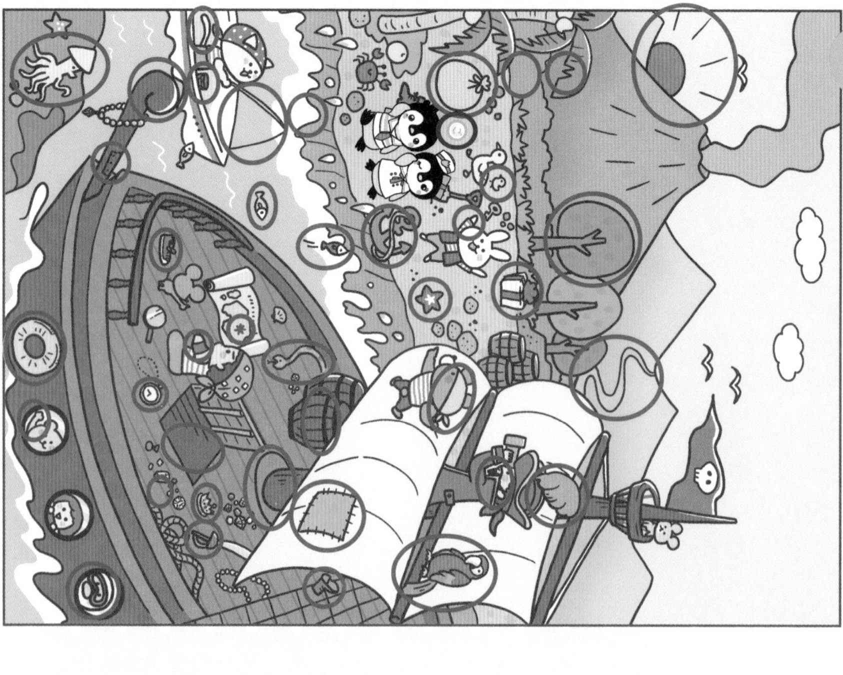

Q 15

まちがいは40個《こ》あるよ。

Q 16

まちがいは40個《こ》あるよ。

こたえのページ

Q.17

まちがいは40個《こ》あるよ。

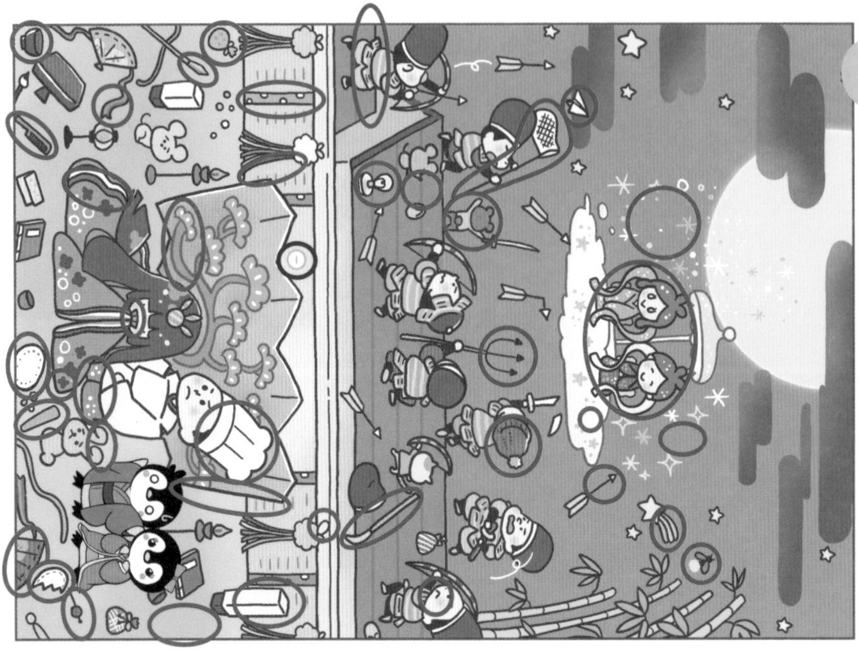

Q.18

まちがいは40個《こ》あるよ。

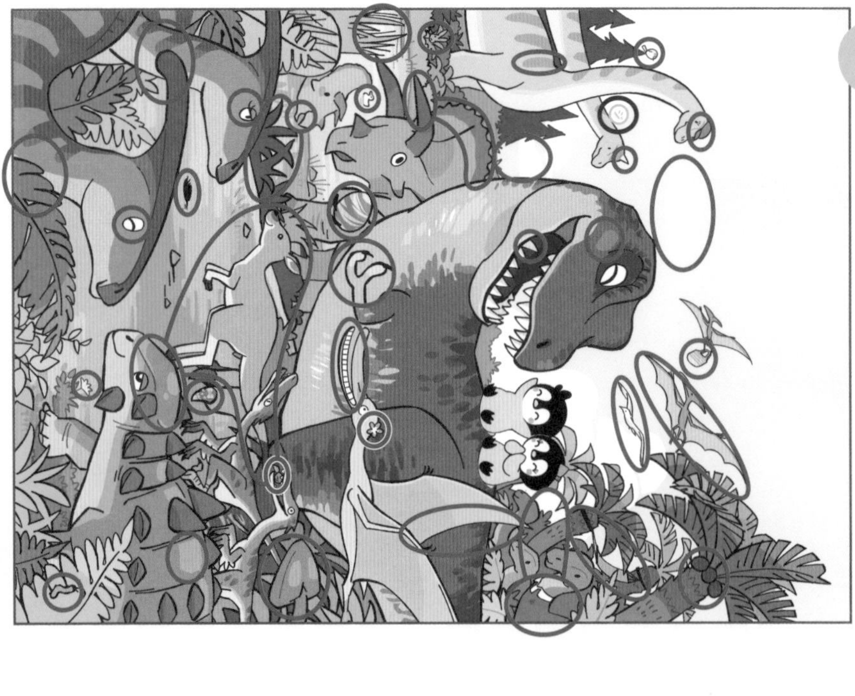

Q 19

まちがいは40個《こ》あるよ。

Q 20

まちがいは40個《こ》あるよ。

Q 21 まちがいは40個《こ》あるよ。

Q 22 まちがいは40個《こ》あるよ。

Q 23

まちがいは50個《こ》あるよ。

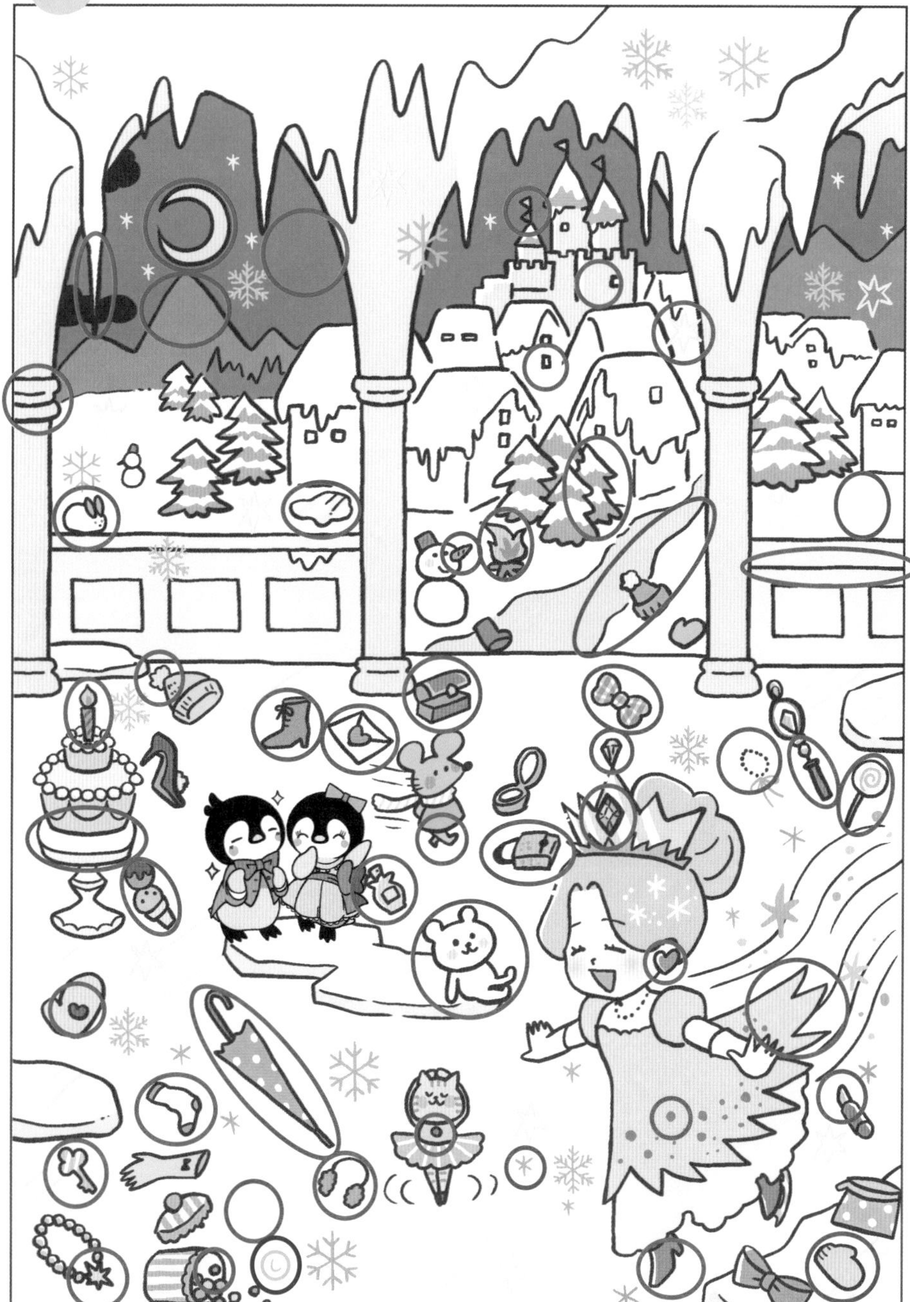

Q 24

まちがいは60個《こ》あるよ。

Q 25

まちがいは70個《こ》あるよ。

Q 26 まちがいは80個《こ》あるよ。

Q27 まちがいは90個《こ》あるよ。

Q28

まちがいは100個《こ》あるよ。

こたえのページ

まちがいさがし どれだけできたかな？

ぜんぶ終《お》わったら、ここに見《み》つけた数《かず》をまとめてみよう。
あなたは、もしかしたら天才《てんさい》？　…それとも神《かみ》!?

Q1	Q2	Q3	Q4	Q5	Q6	Q7
／10	／20	／30	／30	／30	／30	／30

Q8	Q9	Q10	Q11	Q12	Q13	Q14
／30	／30	／30	／30	／30	／40	／40

Q15	Q16	Q17	Q18	Q19	Q20	Q21
／40	／40	／40	／40	／40	／40	／40

Q22	Q23	Q24	Q25	Q26	Q27	Q28
／40	／50	／60	／70	／80	／90	／100

4～5ページ 夢《ゆめ》の中《なか》	74ページ 王様《おうさま》のイタズラ
／30	／1

→ 全部《ぜんぶ》で　／1211

ヒントのボールをあつめよう

0～200個《こ》	がんばりましょう
201～500個《こ》	もう一息《ひといき》！
501～800個《こ》	よくできました♥
801～1000個《こ》	優秀《ゆうしゅう》☆
1001～1210個《こ》	天才《てんさい》♪
1211個《こ》	神《かみ》

おまけチャレンジ

ヒントのボールに書《か》いてある文字《もじ》を下《した》のマスに書《か》くと、落《お》とし物《もの》が何《なに》でどこかにあるか分《わ》かるよ！

Q1	Q2	Q3	Q4	Q5	Q6	Q7	Q8	Q9
○	○	○	○	○	○	○	○	○

Q10	Q11	Q12	Q13	Q14	Q15	Q16	Q17	Q18
○	○	○	○	○	○	○	○	○

Q19	Q20	Q21	Q22	Q23	Q24	Q25	Q26	Q27	Q28
○	○	○	○	○	○	○	○	○	○

製作《せいさく》

ペンギン飛行機製作所

penguin airplane factory

「暮《く》らしの“不都合《ふつごう》”を“うれしい”に変《か》える」を合《あ》い言葉《ことば》に、暮《く》らしにまつわるさまざまな記事《きじ》を製作《せいさく》。また、皇帝《こうてい》ペンギンのヒナで、寝《ね》ぐせがトレードマークの「ぺんた」とピンクのリボンがかわいい「小春《こはる》」の本《ほん》やグッズを製作《せいさく》している。ぺんたと小春《こはる》の日常《にちじょう》をつづる絵本《えほん》のようなインスタグラム「ペンスタグラム」は、「いやされる！」と人気《にんき》を呼《よ》んでいる。ぺんたは、2005年《ねん》にアカデミー賞《しょう》の長編《ちょうへん》ドキュメンタリー賞《しょう》を獲得《かくとく》した映画《えいが》「皇帝《こうてい》ペンギン」の第二弾《だいにだん》、「皇帝《こうてい》ペンギン　ただいま」の公式《こうしき》キャラクターもつとめた。

- 公式《こうしき》サイト

https://penguin-hikoki.com

- 公式《こうしき》ツイッター

https://twitter.com/penguinhikoki

- 公式《こうしき》インスタグラム「ペンスタグラム」

https://www.instagram.com/penguinhikoki

- 公式《こうしき》フェイスブック

https://www.facebook.com/penguinhikoki

- ぺんたが勝手《かって》にはじめた非公式《ひこうしき》ツイッター

https://twitter.com/tobitaipenta

ペンギン飛行機製作所《ひこうきせいさくじょ》の本《ほん》

できなくたって、いいじゃないか！
あきらめた いきもの事典《じてん》

監修：佐藤克文（東京大学大気海洋研究所 教授）

55種《しゅ》のいきものたちに聞《き》く「できないこと」と、そのかわりに手《て》に入《い》れた「とくいなこと」。

定価：本体価格　1,100円＋税
ISBN978-4-7631-3771-5　C8045

世界一《せかいいち》おもしろいペンギンのひみつ
もしもペンギンの赤《あか》ちゃんが絵日記《えにっき》をかいたら

監修：上田一生（ペンギン博士）

皇帝《こうてい》ペンギンが生《う》まれてから大人《おとな》になるまでを、絵日記《えにっき》とイラストで解説《かいせつ》！

定価：本体価格　1,100円＋税
ISBN978-4-7631-3707-4 C8045

ぺんたと小春《こはる》 はじめてのおつかい

まちがいさがし、めいろ、しりとり、パズルなど、「ぺんたと小春《こはる》」初《はつ》のゲームブック。

定価：本体価格　1,100円＋税
ISBN978-4-7631-3830-9 C8045

ぺんたと小春《こはる》のどうぶつ魔法学校《まほうがっこう》

監修：佐藤克文（東京大学大気海洋研究所 教授）

カメレオンはなぜ色《いろ》を変《か》えられる!?　みんなが知《し》っているいきものの誰《だれ》も知《し》らない「カラダの魔法《まほう》」。

定価：本体価格　1,100円＋税
ISBN978-4-7631-3828-6 C8045

ぺんたと小春《こはる》の めんどいまちがいさがし

2020年11月20日　初 版 発 行
2023年 5 月20日　第22刷発行

発行人　黒川精一
発行所　株式会社サンマーク出版
〒169-0074
東京都新宿区北新宿2-21-1
電話　03-5348-7800
印刷　共同印刷株式会社
製本　株式会社若林製本工場

ISBN 978-4-7631-3859-0 C8045
ホームページ　https://www.sunmark.co.jp

カバー・本文デザイン・DTP
佐々木恵実（株式会社ダグハウス）
イラスト＜五十音順＞
あずのみなつ
（カバー・絵本・ぺんたと小春）
つるおかめぐみ
（Q2,4,7,10,12,13,16,19,22,24,28）
成瀬瞳（Q1,5,8,11,14,17,20,23,25）
森永ピザ（Q3,6,9,15,18,21,26,27）
校正
根本 薫
編集協力
株式会社スリーシーズン（吉原朋江、小林未季）

製作「ペンギン飛行機製作所」の所員たち

◎所長：黒川精一
◎所員：新井俊晴、池田るり子、岸田健児、
酒見亜光、浅川紗也加、荒井 聡、
荒木 宰、吉田 翼、戸田江美、
はっとりみどり、鈴木江実子、山守麻衣